小植物大历史

商路上的伟大植物

上官法智 吕翠竹◎主编

王天骄◎绘

赵富伟 刘晓莉◎审校

人民邮电出版社

北京

图书在版编目（CIP）数据

小植物大历史. 商路上的伟大植物 / 上官法智，吕
翠竹主编；王天骄绘. -- 北京 ：人民邮电出版社，
2025. -- ISBN 978-7-115-66180-7

I. Q94-49

中国国家版本馆 CIP 数据核字第 20257NK232 号

内 容 提 要

  "小植物大历史"系列是一套面向 6 岁以上读者的少儿科普绘本，这套丛书不仅讲解植物本身的习性、特征，还从历史、文明的角度切入，让读者进一步认识到植物与人类文明的联系。

  本书是该系列的第二册，内容与各个国家和地区之间的贸易、交流相关，主人公将踏上连通各个国家和地区的道路，了解各种植物在不同的国家和地区传播的过程。比如，主人公将作为使者踏上连通东西方的丝绸之路，前往罗马了解有关"香料之路"的故事，远渡重洋了解不同文化间的交流。在连通天南地北的道路上，主人公会遇见竹子、桃、胡椒、甘蔗、大豆、西瓜这 6 种植物。

◆ 主　　编　上官法智　吕翠竹
　　绘　　　　王天骄
　　审　　校　赵富伟　刘晓莉
　　责任编辑　王朝辉
　　责任印制　陈 犇
◆ 人民邮电出版社出版发行　　北京市丰台区成寿寺路 11 号
　　邮编　100164　电子邮件　315@ptpress.com.cn
　　网址　https://www.ptpress.com.cn
　　鑫艺佳利（天津）印刷有限公司印刷
◆ 开本：889×1194　1/20
　　印张：2.8　　　　　　　2025 年 6 月第 1 版
　　字数：45 千字　　　　　2025 年 6 月天津第 1 次印刷

定价：25.00 元

读者服务热线：(010)81055410　印装质量热线：(010)81055316
反盗版热线：(010)81055315

前　言

在人类文明的进程中，伟大的人物、杰出的发明往往是人们赞颂的对象。然而，大家要知道，决定古代文明兴衰最重要的因素之一是粮食的产量。古代国家最重要的社会任务之一，就是组织粮食的生产，管理粮食的分配。粮食充足时，社会繁荣和平；而粮食短缺时，社会危机便会出现。

谷物的丰收，让村落变成城市，让城邦走向帝国；豆类等其他耐旱、易生长植物的广泛种植，让人们的温饱问题得到了有效解决；蔬菜和水果的种植与引种，给人们提供了必要的维生素；茶叶和香料的贸易，改变了财富和权力的分配模式；有些人为了通过咖啡、可可、甘蔗、橡胶树这些植物来赚取金钱，不惜对他人进行剥削，给许多人带来了痛苦。时至今日，植物基因技术的突破、杂交水稻的发明，让人们在植物世界中发现了解决未来人类社会问题的方向。

在自然环境中，高山、沙漠和海洋阻碍了植物种子的传播。而人类带着植物种子跋涉和冒险的行为，让植物成为改变文明进程的关键。土豆、玉米、番茄、辣椒等在重塑人类近现代文明的同时，也悄无声息地改变了人类的饮食习惯。

植物改变人类历史的过程其实是隐性的，它并不像一场战争那样让人印象深刻。本书就从历史的微观视角呈现了一些在重要的历史时刻植物发挥作用的证据。比如，哥特人攻打罗马时，罗马人就曾用胡椒贿赂哥特人让他们退兵；根据古埃及时期蓬特商队货船的贸易名单，我们发现在数千年前，索马里地区就已经从古埃及进口粮食。这是一本有趣的关于植物的书，读完本书你一定会打开认知上的新空间。书中的知识和故事本身可能并不新鲜。但是，从植物的维度把它们与文明连接起来是别具一格的。

上官法智

目录

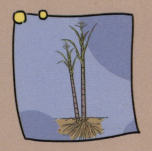

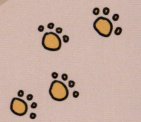

人物介绍

乐 乐

好奇心强烈的小学男生，遇到不明白的事情总想问个明白。他热心活泼，很受大家喜爱。

五木博士

乐乐的舅舅，成熟冷静，知识渊博，像是一部百科全书，总能回答乐乐提出的各种问题。

小 奇

来自太空的神奇植物，十分喜欢生机勃勃的地球。在它的引导下，乐乐和五木博士正进行跨越时空的奇妙旅行。

引　言

　　在古代，没有互联网，也没有飞机和火车，但世界各地的不同国家和地区仍然互相影响、彼此联系。就算没有发达的交通工具，古人仍然踏出了一条条蜿蜒的道路，它们沟通着天南地北，运输着纷繁多样的货物，也传播着各具特色的文化。

　　运输的货物里，植物绝对是有着重要"戏份"的。这些植物被人们带往世界各地，在不同的地方生根发芽，影响着整个世界的历史。乐乐和五木博士将进行一系列全新的时空之旅，他们会走上古时著名的商路，发现商路上关于植物的故事……该时空之旅的第一站是大夏，它是丝绸之路沿线的国家。在这里，乐乐和五木博士将遇见什么趣事呢？

大夏竹子之旅

这里的街道看起来好熟悉呀!

这座城市是古希腊人修建的。

公元前128年,大夏的蓝氏城(今阿富汗北部)。这时中国正处于西汉中期。

我们去过古希腊,所以会有熟悉的感觉。

我就说很眼熟吧!

大夏被古希腊人称为巴克特里亚王国。这座城市是由在亚历山大大帝东征时期来到亚洲的希腊人建立的。公元前139~前129年,巴克特里亚王国被吐火罗人统治了。

09

您手上拿着的是汉节吗？

汉节由皇帝授予，是使者在外时持有的国家的象征。汉节的主干是用竹子制成的，竹柄上系有用牦牛尾制的节旄（máo）。汉节既承载着使者的使命，也是使者情感的寄托。

这的确是汉节，我是大汉的使者，已经离开家11年了。

这么久？爸爸妈妈出差最多才一周！大叔为什么在外边待这么多年啊？

这可是机密，现在还不能说。

图中一共有多少只骆驼？ 找一找

丝绸之路

　　张骞是我国历史上著名的使者之一。当时，西汉与匈奴冲突不断，战争一触即发，汉武帝就派张骞出使西域，想要联合西域的大月氏一起对抗匈奴。在出使的路上，张骞被匈奴抓住了。他被软禁扣留了11年，才摆脱匈奴的控制。此后，他到达了包括大宛（约指今费尔干纳盆地）、大夏在内的西域诸国，开辟了一条沟通东西方的道路。这条路上有大量的丝绸从东方运往西方，所以人们把它称作"丝绸之路"。

高风亮节：竹

中文名
竹
拉丁名
Bambusoideae

科 属
禾本科 竹属

植物档案

　　竹子是东方文化的一种象征。在我国，竹子并不稀罕，可以在许多地方找到。尤其在四川、重庆、浙江等地，竹子的分布更是广泛。

　　竹子坚韧轻盈，在我国南方地区被广泛应用在农业生产、日常生活和交通运输等方面。中国古代有"宁可食无肉，不可居无竹"的说法，竹子也被视为高洁人格的象征。

竹笋

未成熟

成熟

14

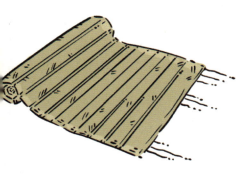

竹与文字

纸张发明之前，中国古人经常用竹简记载文字。此外，竹子还能用来做笔。"简"字、"笔"字的部首都是竹字头，可见简、笔与竹密切相关。

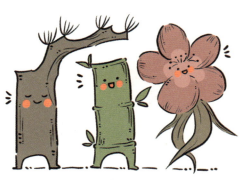

岁寒三友

"岁寒三友"指的是松树、竹子和梅花这3种植物。竹子清瘦却坚韧刚强，与松树、梅花一样傲立于寒冬，在人们眼中象征着高洁不屈、坚守气节的君子精神。

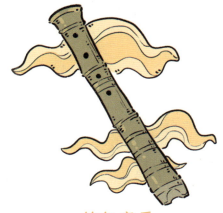

竹与音乐

中国民族乐器中也有竹的身影，在汉语里，"丝竹"一词就借指音乐。箫、笙、笛等都是用竹子制作而成的中国民族乐器。

清鲜美味——竹笋

熊猫爱吃的竹笋，是刚刚从土里萌发的"幼年"竹子。早在商朝，人们就已经用竹笋做菜了。明末清初的美食家李渔，更是将竹笋称为"至鲜至美之物""蔬食中第一品"。如今，竹笋依然是我们餐桌上的一道清鲜美味。

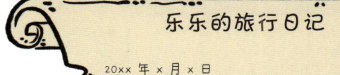

乐乐的旅行日记

20xx 年 x 月 x 日

没想到，我们能在大夏遇到来自中国汉朝的使者张骞。舅舅告诉我，张骞是汉朝"凿空西域"的大功臣，开拓了前往西域的路线，后来被汉武帝封为了"博望侯"。最让我震惊的是，张骞出使一次西域就花了十几年的时间，爸爸妈妈出差一周就很累了，真不知道张骞在这个过程中吃了多少苦头。

接下来，我和舅舅也要体验一下出使西域的感觉，我们会当上汉朝的使者，在丝绸之路上走一趟。

悬泉置桃种疑案

在张骞两次出使西域后，他的事迹已经天下闻名。汉武帝在河西走廊设置了行政机构，兴建城市、经营驿站，把这里变成了热闹的商道。作为汉朝的使节，乐乐和五木博士正在驿站悬泉置内吃饭休息。

没想到这儿的饭菜这么好吃。

吃饱了吗？休息一会儿，我们就可以准备出发啦。

这就要准备出发了？我还想再休息一下。

悬泉置只有30多名工作人员，却曾在一晚上接待了超过1000人的使团。驿站里丰富的物资来自附近的敦煌郡。敦煌是汉武帝打败匈奴后在河西走廊兴建的4座城市之一。河西走廊的4座城市被称为"河西四郡"，彼此间有着几十座驿站，可以传输政令公文、转运物资、接待来往的官员和商人。我们现在是出使的使者，所以在悬泉置享受了和汉朝官员一样的待遇。

我们再检查一下要带的礼物，别落下东西了。

收到！

舅舅！我们的礼物都不见了！桃子种子都不见啦！

?

?!

我们要走丝绸之路出使西域，桃子种子是我们带给西域国家的礼物。虽然丝绸才是丝绸之路这条商路上的"主角"，但桃子之类的植物在这条商路上也有着重要的地位。桃子原产于中国，悬泉置所在的甘肃地区就是桃子的一大产地。桃子是从中国传入波斯，又经亚美尼亚传入欧洲的，这让欧洲人一度把波斯当成了桃子的发源地。

汉朝悬泉置

　　乐乐和五木博士要离开悬泉置了，置啬夫出门为这两位使者送行。包括悬泉置在内的一个个驿站形成了一张庞大的网络，各种消息、货物都可以在这张网中来回传递。就这样，桃子、柑橘、丝绸等中国特色物品，经由这些驿站慢慢传到了西方，而西方的葡萄酒等物品也经过这些驿站来到了中国。东方和西方就这么联系了起来，真是伟大又奇妙呢！

中文名
桃

拉丁名
Prunus persica

科 属
蔷薇科 李属

植物档案

桃是一种树木，以中国为故乡，一般在3—4月开花，8—9月结出桃子。

在生活里，我们经常能看到桃的身影。嘴馋了，我们可以吃桃子享享口福。春天来了，我们可以一睹桃花的芳华。此外，桃木还是制作工艺品的好材料，干燥后的桃核还是中药里的一味药材。桃呀，浑身都是宝！

发芽

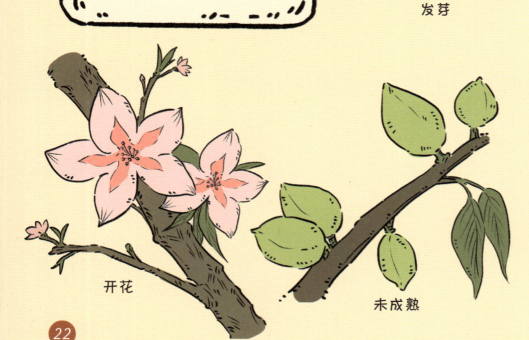

开花

未成熟

成熟

22

蟠桃

蟠桃是一种外形扁圆的桃子。神话传说中，西王母会在瑶池举办"蟠桃会"，蟠桃也就因此成为"寿桃""仙桃"。不过，艺术品、画作中展现的仙桃大都是水蜜桃的形状。

桃花泪——桃胶

桃树树干在自然状态下，或受到伤害时，会分泌出一种黏糊糊的透明胶状物质，仿佛桃树落泪了一般，这其实是桃树的一种自我保护机制。

春日桃花

桃花是春天的象征，春水有"桃花水""桃花浪"的美称，杜甫的诗句"三月桃花浪"便是对此美景的描绘。

桃木和桃符

古时人们认为桃木可以辟邪。而最早的对联，就分别书写在两块桃木板上，称为桃符，诗句"总把新桃换旧符"说的就是把旧的桃符取下，换上新的桃符。虽然我们现在已经不挂桃符了，但贴春联依然是过春节的一种仪式。

Travel

乐乐的旅行日记

20xx 年 x 月 x 日

这次旅行里，我们是走在丝绸之路上的使者，中国特产桃子的种子是我们带给西域国家的礼物。我和舅舅在一个叫悬泉置的驿站休息了一会儿，那儿的"老大"被称

作置啬夫，他可热情了，帮我们安排了吃的东西和休息的房间。悬泉置里有个小插曲，置啬夫帮我们把行李收拾起来了，弄得我们以为行李丢了，还好是虚惊一场。

我们在体验了一段丝绸之路的旅途后，小奇动用神奇力量直接把我们送到了目的地，它是怕我们太累了。毕竟，我们在罗马还有任务呢。

罗马胡椒之旅

公元1世纪，罗马帝国时期的罗马城。罗马帝国正处于繁荣时期，这时的罗马城是世界上数一数二的城市。

好繁华的城市啊！

这里是罗马城，罗马帝国的首都哦。

你猜我在袋子里装了什么？

我不知道……

罗马帝国时期的胡椒比现在贵很多。公元1世纪，罗马人就开始在印度西海岸的港口做胡椒生意。印度的梵文古籍中就有"罗马商人来时带着黄金，走时带着胡椒"的记载。

哇，那这两袋胡椒是不是能换不少钱？

没错，有了这笔钱，我们可以在罗马做很多事情。

五木博士与乐乐来到了罗马城的浴场，这里的浴池大得就像是泳池一样！在这里，乐乐遇见了一位本地的老爷爷，他的名字叫作塞内加。

真是个可爱的孩子！

谢谢夸奖！

你们是不是也准备洗完澡去看赛车？

罗马人在观看竞技比赛、参加宴会等种种活动前，总是会先在浴场把自己清洗得干干净净的。浴场里提供酒水、小吃和周到的服务。在当时，只有极少数人才能享受浴场的特有服务，罗马的贵族们都很迷恋这项活动。

赛车？我要去看！

那好，我们一起去。

25

这里是罗马最大的赛车竞技场，可以容纳15万名观众！

马克西穆斯竞技场

红队加油！

赛车广受罗马人的喜爱，一场比赛一般有以红、白、绿、蓝命名的4个车队。同一个车队中，不同的车手有着不同的职责，有的负责阻挠对手，有的负责争夺名次。

我有一种预感，今天红队能拿第一名。

哇！

比赛还没结束呢！

你怎么看出来的？冠军明摆着是蓝队的！

不会吧，真的追上来了。

除了赛车之外，斗兽和角斗表演也深受罗马人的喜爱。只要是拥有罗马公民权的人都可以观看这些大型的娱乐表演。

耶！

第一名是红队！

红队！

都别着急走，我请大家吃饭！

宴会时间！

一起来吧！

罗马爷爷的宴会

在塞内加爷爷的家里，一场盛大的宴会正在进行！罗马人都是在床上吃饭的，这对他们来说是一件很平常的事情。餐桌上的各种菜肴里几乎都放了胡椒。古罗马烹饪书籍《烹饪的艺术》中记录了 500 多道菜肴，含有胡椒的就有 480 多种。在这次宴会中，乐乐和五木博士吃到的菜多少都有些胡椒风味。

植物档案

　　小小一粒胡椒，却是改变历史的"大人物"。胡椒大都生长在热带地区，由于交通不便，胡椒运送到其他地区后就变成了昂贵的香料。罗马乃至整个大航海时代的历史都与胡椒贸易密切相关。

　　现在，胡椒种植范围比以前更大，交通也越来越发达，胡椒已经是人人都能吃到的调味料了。

中文名
胡椒

拉丁名
Piper nigrum

科 属
胡椒科　胡椒属

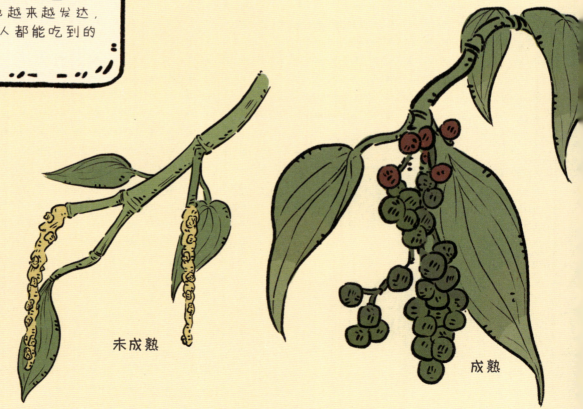

发芽

未成熟

成熟

私藏胡椒的大贪官

中国唐朝有一个名叫元载的宰相，他独揽大权，搜刮民脂民膏，据说在家中私藏了800石的胡椒。在胡椒十分珍贵的唐朝，这是一笔足以让人惊掉下巴的"巨额财富"。

黑胡椒和白胡椒

黑胡椒和白胡椒其实都是胡椒果实，只是加工方法不同。未成熟的胡椒果实经过干燥处理，得到的就是黑胡椒。成熟的胡椒果实去皮后再干燥，得到的就是白胡椒。因为去掉了皮，所以白胡椒比黑胡椒少了些辛辣味。

裤子不能有口袋

在中世纪的欧洲，搬运胡椒的工人不能穿有口袋或卷边的裤子。这是因为，胡椒在当时的欧洲实在太过珍贵，哪怕只有一小把失窃，也会造成巨大的损失。

飞蛇的传说

欧洲流传着一则传说：生长胡椒的森林是飞蛇的地盘，所以胡椒成熟时，人们会用火焰驱赶飞蛇，然后赶在飞蛇回来前采集胡椒。因为胡椒被火烧过，所以有着辛辣的味道。

乐乐的旅行日记

20xx 年 x 月 x 日

我们去了罗马帝国时期的罗马城。去那里前，我们带了两大袋胡椒，在那个时候的罗马，它们可以换不少钱。有了钱，我们才能在这里畅快地游玩。胡椒在罗马之所以那么昂贵，是因为胡椒要从原产地古印度来到罗马，需要经过一条漫长的"香料之路"，因此，胡椒在罗马是非常稀少的，加上又非常受大家喜欢，自然就变得非常值钱了。

"香料之路"另一端的古印度，就是我们的下一站。我已经开始期待了！

王舍城甘蔗之旅

公元 440 年左右，名为王舍城的城市中，一位僧侣正在思考着什么。

唉？

二位留步，你们可是自大唐而来的？

嗯……我们刚到这儿不久。

贫僧玄奘，也是大唐人士，需要我带二位参观一下吗？

那可太好啦！

33

看，石蜜就是由这些甘蔗制作而成的。

甘蔗看起来像竹子似的，到底是怎么把它做成石蜜的呀？

因为甘蔗是甜的，我们先把它榨成汁，再把汁做成石蜜。

没错，你可真博学。

在当时的印度，使用甘蔗制糖已是一门成熟的技术。敦煌莫高窟藏经洞中，曾出土过记载着印度制糖法的残卷，说明印度制糖法传入了中国。当时的制糖法的细节很难考究，但这种方法大致可以分为收割、榨汁、熬煮、定型几个步骤。

收割

榨汁

熬煮

定型

原来是这样啊!

将来我日后要把我在这儿学到的知识都带回大唐。

祝你心想事成!

谢谢.

图中一共有多少只猴子？ 找一找

天竺与大唐

　　玄奘带乐乐、五木博士领略了一番王舍城的风情。为了进修佛学，玄奘经历了种种磨难，才通过丝绸之路抵达天竺。他在王舍城停留了很久，在那烂陀寺备受优待。玄奘前往天竺游学并返回长安共花了19年，他将自己西行的见闻写成了《大唐西域记》。值得一提的是，四大名著之一的《西游记》里的唐僧，就是以玄奘为原型的。

甜蜜多汁：甘蔗

植物档案

　　甘蔗和竹子都是禾本科的植物，就像是两兄弟一样。与竹子不同的是，甘蔗更加喜欢炎热的环境，因此，我国的甘蔗大都种在海南、台湾、福建、广西等地。

　　甘蔗的一大作用是用于制糖，世界上许多分布在热带的国家都大量种植甘蔗，这些国家靠出口糖料赚了许多钱。

中文名
甘蔗

拉丁名
Saccharum officinarum

科　属
禾本科　甘蔗属

萌芽期

分蘖期

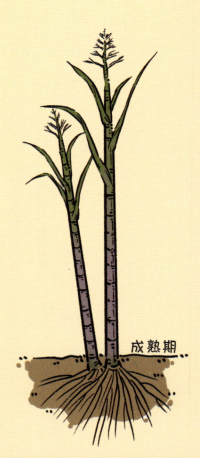

成熟期

甘蔗和竹子

甘蔗和竹子都是禾本科植物，它们的茎是一节一节的，节与节之间是实心的"结"。甘蔗和竹子都长得比较高，如果是一整根，容易在大风天气时折断；而一节一节的结构更加稳定，能让它们更加坚韧，不易折断。

甘蔗发红还能吃吗？

不能吃！

甘蔗内部如果变红、变黄或呈褐色，说明甘蔗已经发生了发酵、发霉现象。因为甘蔗含糖量高，存储不当就容易变质，所以甘蔗或甘蔗汁一定要趁着新鲜尽快食用。

制糖高手

甘蔗的根状茎中储存着大量甜甜的汁液，当人类掌握了用甘蔗汁制作固态糖的方法后，甘蔗便成为改变世界的植物之一。

果蔗和糖蔗

果蔗是专门培育出来直接食用的品种，脆甜多汁，水果店里卖的都是果蔗。

而糖蔗则是工厂用来加工成各种糖的制糖作物，含糖量虽然很高，但是特别硬，是没法直接啃着吃的。

乐乐的旅行日记

20xx 年 x 月 x 日

原来《西游记》里的唐僧就是以我们在印度遇见的玄奘为原型的。知道这件事后的我非常激动，跑去跟小奇讲了好多与《西游记》有关的故事。

玄奘就好像会魔法一样，一说话就能让人静下心来。他非常耐心地给我们当导游，介绍了许多当地的事情，还给了我一袋用甘蔗汁做出来的糖，可甜了。他真的是个很好的人！

去过了唐朝西南边的印度，下一站我们要去唐朝东边的日本。小奇说，在那里我们也会碰到一位大唐高僧，会是谁呢？

奈良大豆之旅

乐乐和五木博士来到了公元 8 世纪中期的日本奈良。当时的平城京大部分属于现在的奈良，与唐朝都城长安的布局十分相似。

快到午餐时间了，拜访鉴真大师的事不如等到午餐之后吧？

可以呀，正好我们也饿啦。

接待五木博士和乐乐的人曾担任遣唐使。遣唐使是日本派到唐朝学习的使者，中国的许多文化都是由他们带回日本的。五木博士和乐乐这次来到日本，主要是想拜访一位来自唐朝的高僧——鉴真。

多谢款待啦。

二位可是贵客，这是我应该做的。

能吃到美味的豆腐,都是鉴真大师的功劳。

豆腐跟鉴真大师还有关系呀?

当然,我们这儿腐竹、豆干的豆腐就是鉴真大师从大唐带来的。

乐乐,你知道豆腐是用什么制作的吗?

这个难不倒我!豆腐当然是用豆子做的呀!

豆腐最早由中国发明,是一种以大豆为原料制作而成的食物。要想制作豆腐,得将大豆加水浸泡后磨成豆浆,再往豆浆中加入石膏之类的凝固剂,让大豆里的蛋白质凝固,最后得到的产物就是豆腐了。据日本典籍《唐大和上东征传》记载,鉴真在东渡日本时带上了豆腐,把它传到了日本。日本人因此将鉴真当作日本的豆腐始祖。

用过午餐后，乐乐和五木博士前往唐招提寺，鉴真大师正在这儿等待着他们。唐招提寺由鉴真及其弟子负责修建，后来经过了好几次修缮，至今仍保存较好，其中的鉴真坐禅像被日本视为国宝。

鉴真大师您好，我们从大唐而来，是特意来拜访您的。

老僧年事已高、双眼不便，未能远迎，还请二位见谅。

爷爷，您的眼睛怎么了？

大师因眼疾而失明，在来到日本之前就已经看不见了。

我的眼睛虽然看不见了，我却仍然能感受、思考很多东西，不必替我担心。

爷爷真是太厉害了，就算眼睛看不见了，也要跨过海洋，来到这么远的地方……

不愧是高僧呀！

乖孩子，要不要听听爷爷以前的故事呀？

43

图中一共有几位僧人？

找一找

鉴真东渡

　　玄奘为学习佛法西行，而鉴真则为传播佛学东渡。鉴真东渡的过程十分曲折，他在第六次东渡时才取得成功。鉴真东渡失败的原因，包括地方官员的阻挠、海上的风浪等。第五次东渡时，鉴真已有 60 岁，他的一名弟子在这次东渡的过程中不幸逝世，鉴真悲痛至极，加上天气炎热，突发眼疾，导致双目失明。可他并没有因此放弃，这才有了第六次东渡的成功。

中文名
大豆

拉丁名
Glycine max

科属
豆科 大豆属

植物档案

　　大豆是原产于我国的一种植物。在中国人手中，大豆可以制作的美食太多了。除了豆腐，大豆还可以加工成豆浆、豆油、酱油、豆豉等多种食物。

　　如今，大豆早已走向了世界，受到了世界各国人民的欢迎和喜爱，被授予了"豆中之王"的称号。

发芽

未成熟

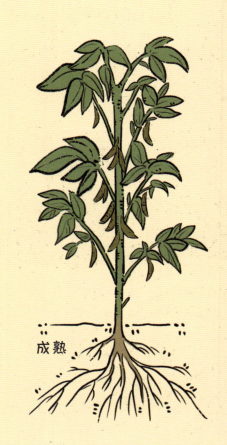

成熟

毛豆和大豆

毛豆和大豆其实就是同一种植物，毛豆是"少年"版的大豆。当毛豆豆荚含水量不断减少、由绿变黄时，里面的豆子也开始脱水、变小、变硬、变圆，从而成为大豆。

三餐中的大豆

我们的一日三餐中都可以看到大豆的身影，如早餐中的豆浆、豆花，午餐、晚餐中的香干、豆皮、腐竹、豆泡等。调味料里的酱油、黄豆酱等也都是主要以大豆为原料制作的。

大豆饲料

大豆榨油后剩余的残渣，是蛋白质含量极高的动物饲料。所以从某种意义上来说，我们吃的肉也和大豆有些关系。

意外诞生的豆腐

关于豆腐的发明，有一个非常有趣的传说。西汉的淮南王刘安不小心将一碗豆浆洒到了炼丹炉旁用来炼丹的石膏上，没想到豆浆竟然变成了软乎乎的样子。刘安进一步探索这一神奇的现象，进而发明了豆腐。

乐乐的旅行日记

20xx 年 x 月 x 日

唐朝时期，日本的方方面面都受到了中国的影响。这是因为日本和中国之间的交流非常多，有日本的遣唐使去中国学习唐朝的文化，也有中国的高僧来到日本传播唐朝的文化。我们拜访的鉴真大师就从中国东渡到日本，带去了佛学，也带去了豆腐。豆腐在日本很受欢迎，许多人都爱吃，当地人还改良了豆腐的制作方法。

下一站，我们要到东京去，不过这个东京可不是现在日本的东京，而是咱们中国北宋的东京，要做区分的话，我们也可以叫它汴京。

汴京西瓜之旅

这是北宋的都城东京。东京又称汴京，位于现在河南省开封市。

这里好热闹、好繁华呀！

乐乐，你有什么想买的东西吗？

有！我要先想想……

北宋中期，已经不再实行居住区中禁止经商的坊市制度了。在这时，市民们可以在街头摆起小摊，"地摊经济"非常发达。与此同时，铁器已在民间广泛运用，比如，当时的人们在做菜时已经能用到铁锅、铁刀了。

瞧一瞧,看一看,耐穿舒适的草鞋!

这些草鞋都太大了,我穿不了。

这都是上好的刀,切菜可好使了。

好酷啊!

乐乐,不能玩刀哦。

知道了。

49

不知道，为什么呀？

因为北宋时，西瓜的种植还没有普及。西瓜真正普及要到南宋呢。

西瓜是这样普及的……

西瓜产自非洲，后经西域传入中国，因此被称为西瓜。

五代时期，契丹征伐回鹘得到西瓜种子，并带回辽国种植，当时北宋境内还未发现西瓜。

金灭辽和北宋之后，西瓜得以传入中原。

南宋初年，洪皓出使金国，归来后将西瓜种子带入江南地区。

好吃！

因为民间人们的频繁交往，西瓜传播遂得以加速。南宋中晚期及元朝以后，西瓜的种植与食用已经非常普遍了。

繁华的汴京

　　北宋时期的汴京是一座远近闻名的大都会，名画《清明上河图》描绘的就是汴京的繁华景象。这里商业发达，有着形形色色的商铺和络绎不绝的行人。在汴京做生意的，可不只是本地的宋人，还有许多远道而来的胡商。通过丝绸之路而来的异域商人就是胡商，乐乐与五木博士遇到的贩卖西瓜的商人就是一名胡商。这些胡商不仅是商人，还是东西方文化交流的使者。

植物档案

西瓜经由丝绸之路，从西方来到了中国。西瓜含水量高又非常耐旱，在沙漠中都可以存活。南宋时期西瓜已在我国南方广泛种植。

目前，全世界绝大多数西瓜都生长在丝绸之路沿线上，而中国则是世界上西瓜产量最高的国家。

中文名
西瓜

拉丁名
Citrullus lanatus

科 属
葫芦科 西瓜属

发芽

开花

未成熟

成熟

古埃及壁画上的西瓜

　　在 4000 多年前的古埃及古墓壁画上，考古学家发现了神似西瓜的图案，在古埃及法老图坦卡蒙的墓葬中也发现了 3300 年前的西瓜属植物的种子。

中国人的最爱

　　在中国，西瓜似乎是夏天必备的水果，深受大家的喜爱。中国既是西瓜产量最高的国家，也是世界上每年吃掉西瓜最多的国家。

西瓜和打瓜

　　有一种白瓤西瓜，它的味道并不甜美，但给我们提供了另一种美味小零食——西瓜子，"籽瓜"或"打瓜"说的就是这种白瓤西瓜。

咬秋与啃秋

　　每逢立秋，民间许多地方都有着食用西瓜的习俗。这一习俗在北方称"咬秋"，在南方称"啃秋"。

乐乐的旅行日记

20xx 年 x 月 x 日

　　在我的印象里，西瓜一直是非常美味的食物，可在去了北宋汴京后，我才知道西瓜并不是一直那么好吃的。

　　古代西瓜味道淡淡的，经过人们很长时间的培育，才有了甜美多汁的西瓜。除了西瓜之外，古代的其他很多蔬菜与水果都和现在的不太一样，比如香蕉、茄子、胡萝卜等，它们经过人们的种植和改良，才有了现在的好口味。植物在改变人类生活的同时，也在被人类改变着。

　　接下来，我和舅舅要到大海上去航行，小奇甚至为我们准备了一艘大船。这一定又会是一次令人难忘的旅行吧！

小问题答案

12 页答案：8 只。 21 页答案：5 名。 29 页答案：3 只。
37 页答案：4 只。 44 页答案：7 位。 53 页答案：25 人。